FABRICATION DU SUCRE DE BETTERAVES.

CONSIDÉRATIONS

SUR L'ACTION QU'EXERCENT LES AGENS EMPLOYÉS DANS LA DÉFÉCATION, AVEC DES RÉFLEXIONS SUR LA QUESTION DE SAVOIR SI L'ON DOIT SE SERVIR DE PRÉFÉRENCE DE CRISTALLISOIRS OU DE FORMES.

Par J.-S. Clemandot,

MEMBRE CORRESPONDANT DE L'ACADÉMIE ROYALE DE MÉDECINE
ET DE LA SOCIÉTÉ DE PHARMACIE DE PARIS,
FABRICANT DE SUCRE INDIGÈNE
A BEAUMETZ PRÈS ARRAS,
Département du Pas-de-Calais.

Paris,

CHEZ MESNIER, LIBRAIRE,
PLACE DE LA BOURSE.

ARRAS, IMP. DE G. SOUQUET.

PRÉFACE.

—•—

Lorsque je me livrai, il y a déjà plusieurs années à la fabrication du sucre de betteraves, je dus nécessairement prendre connaissance des divers modes de fabrication alors en usage. Je dois avouer que je ne le fis pas d'abord avec toute l'application que cet objet demande. A cette époque les fabriques étaient moins nombreuses qu'à présent, et les renseignemens sur les procédés de fabrication étaient plus difficiles à obtenir. Me reposant d'ailleurs sur quelques connaissances chimiques, je me trouvai en pleine sécurité sur les moyens d'opérer. Les embarras qu'occasione un établissement formé à la hâte et construit sur une assez grande échelle, employèrent tous mes momens à des détails de construction et de distribution, et, quoique secondé par M. Guilbert, mon associé, dont le zèle, les connaissances et l'activité me furent et me sont toujours d'un si grand secours, je ne pus alors me livrer aux recherches nécessaires pour connaître le procédé le meilleur et le plus économique. Prenant mes devanciers pour exemple, je me déterminai à choisir parmi tous les procédés indiqués dans la fabrication du sucre de betteraves, celui d'Achard de Berlin, et, quoique je sentisse bien tous les embarras que ce procédé entraîne, je pensais avec quelques personnes qu'il fournissait plus de sucre.

Une expérience de plus de quatre années m'a fait revenir de cette erreur. Je suis bien convaincu maintenant qu'il n'est point nécessaire d'avoir recours à la méthode d'Achard pour obtenir tout le sucre cristallisable que peut fournir la betterave, et qu'à l'aide de procédés plus manufacturiers, et conséquemment moins embarrassans et plus économiques, on peut atteindre le même but.

Ces considérations m'ont déterminé, dans l'intérêt de la science et des fabricans, à développer cette vérité. Si je n'ai point entièrement rempli la tâche que je me suis proposée, quelque plume plus habile et plus exercée que la mienne pourra s'emparer du même sujet, et le traiter avec tout l'intérêt qu'il mérite.

FABRICATION

DU SUCRE

DE BETTERAVES.

CONSIDÉRATIONS

SUR L'ACTION QU'EXERCENT LES AGENS EMPLOYÉS
Dans la Défécation,

AVEC DES RÉFLEXIONS

SUR LA QUESTION DE SAVOIR SI L'ON DOIT SE SERVIR DE PRÉFÉRENCE
DE CRISTALLISOIRS OU DE FORMES.

Lors de la découverte du sucre de betteraves faite par Margraff en 1781, on était
loin de soupçonner qu'elle apporterait, à une
époque plus éloignée, un changement considérable dans nos relations commerciales
avec les Colonies. Le génie clairvoyant de
Napoléon, s'emparant de la découverte du
célèbre chimiste, ordonna des tentatives
qui ne restèrent pas infructueuses ; et si les
travaux que l'on entreprit à cette époque ne
répondirent pas entièrement au but que l'on

s'était proposé, il n'en resta pas moins dans l'esprit de quelques hommes courageux l'espérance qu'avec des efforts plus soutenus et mieux dirigés, on parviendrait à retirer des avantages d'une entreprise qui n'avait présenté que des sacrifices sans résultat, quoique les chances les plus favorables concourussent alors à sa prospérité.

Cependant, au travers du naufrage général des fabricans de sucre de betteraves, occasioné par les événemens de 1814, on vit quelques hommes qui, par leur constance et leur opiniâtreté, prouvèrent qu'il était encore possible de fabriquer le sucre indigène avec avantage, malgré le bas prix auquel est tombé le sucre exotique. Parmi ces hommes auxquels la patrie doit de la reconnaissance, nous citerons particulièrement MM. Oudart et Crespel qui, ne se rebutant point par les difficultés, obtinrent de tels avantages dans leurs établissemens qu'ils déterminèrent des spéculateurs à se livrer à la fabrication du sucre de betteraves, et à monter des usines plus ou moins considérables, de telle sorte qu'elles sont actuellement fort nombreuses, et fixent l'attention des capitalistes et de ceux qui aiment à se livrer aux travaux agricoles et industriels.

Néanmoins, s'il est bien reconnu que la fabrication du sucre de betteraves est avantageuse, il est également vrai de dire que les opinions sur le meilleur mode de fabrication sont très partagées. Sans vouloir entrer dans le détail de tous les procédés différens mis en usage dans les diverses fabriques, me renfermant dans le titre de cet opuscule, j'examinerai les causes du défaut d'uniformité dans les moyens de défécation, le vice de quelques-uns et les raisons qui me portent à proposer des modifications que je crois essentielles. Je peserai ensuite les avantages que peuvent offrir les cristallisoirs et les formes. Ces considérations sont intimement liées à une question d'économie d'autant plus importante, qu'elle attire l'attention de ceux qui ont des fabriques et de ceux qui veulent en établir ; elles tendent à décider si, dans l'établissement d'une usine et dans ses frais annuels, on dépensera 10, 20 ou 30 mille francs de plus ou de moins, suivant l'importance de la fabrique.

Comme tous les autres arts, la fabrication

du sucre de betteraves a eu son enfance et a fait des progrès en grandissant. Il est donc naturel de penser qu'il ne faut pas suivre à la lettre la marche tracée par les hommes habiles qui s'en sont les premiers occupés ; mais qu'il faut au contraire, profitant de toutes les connaissances acquises et des découvertes nouvelles qui peuvent contribuer à son perfectionnement, la faire arriver au niveau des sciences qui l'éclairent en lui donnant une marche tout-à-fait manufacturière.

Parmi ceux qui se sont emparés les premiers de la découverte de Margraff, qui n'avait envisagé cet objet que sous les rapports chimiques, on doit particulièrement distinguer Achard de Berlin, chimiste et manufacturier, à qui nous devons les connaissances des procédés au moyen desquels on peut extraire en grand le sucre de la betterave.

Je ne répéterai point ici tout ce qui a été écrit sur le procédé d'Achard, je renverrai aux ouvrages qui traitent de l'art de faire du sucre de betteraves, et je me bornerai seulement à signaler tout ce qui a rapport à la solution des points que je me suis proposé d'éclaircir.

Achard emploie l'acide sulfurique comme agent principal dans ses défécations ; **il le met seul en contact avec le jus des betteraves**, puis ensuite il a recours à la chaux. Lorsqu'il en vient à la dernière opération de la fabrication, je veux dire la cristallisation du sucre, il rencontre des obstacles qui n'ont d'autre cause que l'ordre malentendu **dans lequel il emploie les agens utiles pour la dé**fécation ; il est tout étonné de ne point avoir des résultats semblables à ceux que l'on obtient dans les Colonies ; et, **en chimiste habile**, il est forcé d'avoir recours aux **moyens** que la chimie lui offre, la cristallisation lente, autrement dit l'usage des cristallisoirs; car, tout en reconnaissant les inconvéniens d'un pareil procédé et ne pouvant opérer autrement, force lui est bien de s'en servir. **Il** sait depuis long-tems, et la chimie le lui a appris, que toutes les fois qu'un sel, une substance cristallisable quelconque en dissolution présente des difficultés dans l'opération de la cristallisation, il faut avoir recours à la cristallisation lente. Le tems et une évaporation ménagée du liquide opèrent merveilleusement l'effet desiré, tandis que par

une évaporation brusque et faite sans ménagement, on ne peut obtenir que des résultats
imparfaits. Ces faits sont évidens, et tous
ceux qui ont la moindre notion de chimie
ne peuvent les révoquer en doute.

En se servant d'abord d'acide sulfurique ,
Achard, comme tous ceux qui, à son exemple, emploient ainsi cet agent, altèrent le
sucre dans sa nature, ils rendent sa cristallisation difficile; il faut bien qu'ils subissent les
conséquences de leur procédé.

Avant de le démontrer directement, je
dois m'autoriser de quelques exemples connus de tout le monde, qui viendront à l'appui de ce que j'avance.

En effet, si l'on veut examiner ce qui se
passe tous les jours sous nos yeux dans la
nature, on ne tardera point à se convaincre
que toutes les fois qu'un acide quelconque
se trouve en contact immédiat avec le sucre,
il altère en lui sa propriété cristallisable.

Tous les fruits sucrés doivent évidem-
ment leur saveur au sucre ; mais ce sucre
n'est point isolé dans ces fruits. Dans les
uns, comme les pommes, les poires, etc., le
sucre se trouve en contact ou combiné avec

l'acide malique. Il en est de même pour les pêches, les prunes, etc. Dans le raisin, l'acide tartarique saturé en partie par la potasse n'accompagne-t-il pas le sucre? et ne doit-on pas attribuer à cet excès d'acide tartarique la perte de la faculté cristallisable dans le sucre de raisin?

On connaît les travaux de Parmentier et de Proust pour extraire le sucre du raisin; de ce fruit qui contient, à poids égal, plus de sucre que la canne elle-même. Tous les efforts, toute la science de ces chimistes célèbres ont été sans résultat : la raison en est, comme je l'ai fait pressentir, dans l'action fâcheuse qu'a exercée l'acide tartarique sur le sucre ; et il est hors de doute que s'il était donné à l'homme d'empêcher dans les fruits sucrés les acides de se produire, tous ces fruits indistinctement donneraient un sucre tout-à-fait semblable à celui que produit la canne et la betterave. Les sirops acides que l'on prépare dans les pharmacies et chez les confiseurs, tels que celui de vinaigre, de limon, etc., finissent par déposer, au bout de quelque temps, dans les bouteilles qui les contiennent, une sorte de magma impar-

faitement cristallisé qui ressemble tout-à-
fait au sucre que donne le raisin. Qui n'a
pas observé dans les pots de confitures de
groseilles, préparées depuis quelques mois,
des espèces de grumeaux à moitié durs qui
ne sont autre chose que du sucre altéré? On
tenterait en vain de retirer intégralement,
par les procédés chimiques les plus délicats,
le sucre qui a été employé dans ces diverses
compositions. A quelque époque de leur
préparation que l'on exécute cette sorte d'a-
nalyse, elle sera tentée sans succès.

Développez un acide dans le vesou (jus de
la canne à sucre), créez-en un dans la betterave, pendant qu'elles croissent, soyez per-
suadé que ni la canne ni la betterave ne
vous donneront de sucre cristallisable. Si le jus
de la canne et celui de la betterave contiennent quelques particules d'acide libre, c'est
en infiniment petite quantité, de telle sorte
que leur action est nulle sur le sucre, comme
sur le papier bleu tournesol dont la couleur
n'est point changée lorsqu'on les plonge dans
ces sucs. Ne sait-on pas aussi que lorsque les
betteraves vieillissent trop, lorsqu'elles ont
éprouvé une altération dans leur nature, elles

deviennent plus difficiles à travailler? D'où vient cela, si ce n'est qu'il s'est développé en elles un acide qui exerce sur le sucre une action fâcheuse !

Si ces exemples, que l'on pourrait multiplier à l'infini, nous prouvent que les acides exercent une influence assez forte sur le sucre pour lui enlever une de ses propriétés les plus caractéristiques, la faculté cristallisable, concluons-en, sans hésiter, que l'emploi de l'acide sulfurique devrait être rejeté pour la défécation du jus de betteraves; et si la science ne nous a point fourni jusqu'ici de moyens assez économiques pour exclure cet agent, comme nous sommes convaincus de ses mauvais effets, nous devons rechercher avec le plus grand soin la meilleure manière de s'en servir.

En vain on dira : l'on fait du sucre en employant l'acide sulfurique et certaines substances qui semblent par leur nature les plus éloignées de ce produit immédiat des végétaux, telles, par exemple, que la fécule de pommes de terre, le vieux linge. Nous savons, en effet, que Kirchoff, chimiste russe, a fabriqué du sucre en faisant bouillir long-tems ensemble 40 parties d'acide sulfurique étendu de beaucoup d'eau et 200 parties de fécule de pommes de terre, saturant ensuite l'acide par le carbonate de chaux, etc. Nous savons aussi que Braconnot, chimiste français des plus distingués, a obtenu par un procédé analogue, mais en se servant de vieux linge, au lieu de fécule, une quantité de sucre qui surpassait en poids la quantité de linge employée. Mais tous ces sucres ressemblent-ils au sucre de cannes? Ils ont bien, comme lui, une saveur agréable et sucrée; comme lui, aussi, ils fournissent de l'alcool quand on les fait fermenter avec de la levure de bière, propriété qui fait reconnaître le sucre partout où il est; mais cristallisent-ils comme le sucre de cannes ou de betteraves? Il s'en faut de beaucoup. Tandis que celui-ci fournit de beaux cristaux bien réguliers, tous ces sucres factices, et même les sucres naturels, mais qui se sont formés en contact avec un acide, ou un sel avec excès d'acide, ce qui est la même chose; tous ces sucres, dis-je, présentent des masses confuses dans lesquelles on distingue à peine de très petits cristaux d'une forme tout-à-fait irrégulière.

D'après tout ce que je viens de dire, il est hors de doute que les acides exercent une influence fâcheuse sur le sucre. Pour corroborer cette idée, et convaincre même les plus incrédules, j'ajouterai que rien n'est plus facile quede distinguer un sucre de betteraves préparé suivant la méthode indiquée par Achard, d'un pareil sucre fabriqué par un procédé inverse. Si l'on fait, avec ces deux sortes de sucre, du sucre candi, on verra que dans le premier cas on aura un sucre grémillé et d'une cristallisation confuse, tandis que dans le second on obtient de très beaux cristaux et en tout semblables à ceux du sucre candi fait avec le meilleur sucre des Colonies, toutes choses égales d'ailleurs ; et c'est, à n'en pas douter, sur du sucre de cette espèce que le célèbre Haüy a démontré l'identité de cristallisation du sucre de betteraves avec celui de cannes. Il aurait certainement trouvé une différence, s'il se fût servi de sucre de betteraves préparé par le procédé d'Achard. Cette différence, qu'on ne peut contester, d'où provient-elle ? si ce n'est de la manière d'opérer. Et d'ailleurs n'est-il pas reconnu aussi par les raffineurs que les sucres préparés par le procédé français (je veux dire par le procédé qui consiste à mettre d'abord la chaux , puis ensuite l'acide sulfu-rique), méritent la préférence sur ceux faits par le procédé d'Achard, puisqu'ils les achè-tent toujours, à nuance égale, plusieurs cen-times de plus au demi-kilogramme.

Ce qui a déterminé Achard et ses nom-breux partisans à employer l'acide sulfuri-que, c'est que cet acide facilite singulière-ment la défécation du jus de betteraves en isolant deux substances contenues dans ce jus et dont la présence nuirait à la fabrica-tion du sucre.

Lorsque l'on met en contact de l'acide sulfurique convenablement affaibli, avec du jus de betteraves, on s'aperçoit bientôt qu'il s'est opéré un changement dans le liquide; on voit des flocons fort nombreux nager dans le jus, et celui-ci prend un aspect plus trans-lucide et moins coloré. Ces flocons sont dus à la coagulation de l'albumine végétale opérée par l'acide sulfurique et à la préci-pitation par l'action du même acide, d'une matière végéto - animale que contient en abondance le jus de betteraves, et qui nuit singulièrement à la fabrication du sucre lorsqu'elle n'est pas entièrement séparée. Il n'est même point difficile à un fabricant un peu exercé de voir, à l'aspect d'une défécation, si l'on a été sobre d'acide, où si cet agent défécateur a été prodigué.

Du reste, les quantités d'acide employées varient chez divers fabricans, et ces quantités elles-mêmes sont différentes chez le même fabricant, suivant l'espèce de betteraves, l'époque de l'année plus ou moins avancée, et le terrein où elles ont cru. En général, on observe qu'il faut moins d'acide à la fin de la fabrication qu'au commencement. J'ajouterai que je pense qu'il en faut plus pour des betteraves récoltées dans une terre fumée que pour celles venues dans des champs qui ne l'ont point été depuis longtems.

Parmi les fabricans de sucre de betteraves qui suivent le procédé d'Achard, il existe une divergence d'opinion bien remarquable. Les uns, qui reconnaissent bien l'effet délétère de l'acide sulfurique sur le sucre, en mettent le moins possible à la défécation, parce qu'ils prétendent qu'ils ne peuvent

s'en passer ; les autres, pleins de sécurité, ne
l'épargnent point et en mettent des doses
considérables ; de sorte que je pourrais citer
telle fabrique dans laquelle, et quoique à
regret, on emploie seulement cinquante
grammes d'acide par hectolitre de jus, tandis
que dans telle autre l'on porte la dose d'a-
cide sulfurique à la quantité énorme de
250 grammes pour la même quantité de jus.

Si l'on voit peu d'uniformité dans les proportions d'acide employées chez les fabricans, on doit convenir aussi qu'il existe
une variété non moins grande dans la manière de se servir de cet agent. Les uns, re-
doutant les innovations, suivent de point en
point la méthode d'Achard, et laissent le jus
et l'acide en contact pendant plusieurs heures.
D'autres , plus réservés , n'abandonnent le
jus à l'acide que pendant 25 à 30 minutes.
Quelques fabricans enfin, appréciant mieux
les inconvéniens de l'acide, ne le mettent à la
défécation qu'après avoir employé la chaux
la première.

Il est un seul point sur lequel les fabricans
de l'acide sont d'accord : c'est qu'il faut se
garder de chauffer long-tems le jus avec l'a-

cide : la chaleur, donnant une nouvelle éner-
gie à cet agent, en augmenterait encore les
inconvéniens.

Quoi qu'il en soit de cette diversité de
procédés et de toutes ces manipulations différentes, il n'en est pas moins vrai, ainsi que
je l'ai déjà dit, que toutes les fois qu'on
mettra en contact le jus avec l'acide, sans
aucune autre substance qui puisse en atté-
nuer l'action, le sucre aura éprouvé quelque
altération, qu'on le fasse long-tems agir à
froid, ou qu'on le laisse peu de tems avec
ce liquide.

L'acide sulfurique présente cela de parti-
culier, que plus on l'emploie en grande quantité, plus les défécations qu'il fournit flattent
l'œil. Elles séduisent ceux qui les mettent
en pratique et en imposent aux personnes
qui ne connaissent point la fabrication du
sucre de betteraves, ou qui sont peu versées
dans cette fabrication.

Cependant, si l'on examine la suite des opérations avec impartialité et sans prévention,
on ne tardera point à voir qu'en opérant par
la méthode d'Achard on éprouve beaucoup
de difficultés. La cuite des sirops se fait sou-

vent difficilement, surtout si l'on opère à feu nu. Les sucres mis dans les formes laissent égoutter le sirop qu'ils contiennent avec beaucoup de peine, et ne peuvent être *lochés* qu'après six à huit semaines d'étuve; encore, au bout de ce tems, restent-ils gras et humides, et l'on éprouve les plus grandes difficultés à cuire les sirops ou mélasses provenant de l'égouttage de ces sucres. Ces mélasses d'ailleurs ne donnent qu'une mosconade brune et sans grain qui ne peut se placer dans le commerce pour aucun prix. C'est pour cela qu'on est obligé dans les fabriques de lui faire subir une sorte de raffinage pour la rendre plus marchande. Ces vérités, qui ont été reconnues par Achard et les partisans de sa méthode de défécation, ont rendu l'emploi des cristallisoirs indispensable. Dans ces vases, les sirops se trouvent placés dans une température plus douce et dans des circonstances plus propres à la cristallisation; sans donner plus de sucre, ils le fournissent plus blanc que celui obtenu dans les formes. Je ne fais aucune difficulté de le reconnaître; mais ceux qui sont au fait de la fabrication du sucre par le moyen des cris-

tallisoirs, conviendront sans doute qu'il faut
avoir recours à des manipulations fort lon-
gues et très dispendieuses. S'il s'agit de cristallisoirs qui tiennent 40 litres de sirop, par
exemple, il faudra, en tenant ces vases dans
une température de 28 à 35 degrés, pendant
un espace de 2 à 3 mois environ, s'astreindre
à casser, tous les jours ou tous les deux jours,
la croûte qui se forme à la surface du sirop.
Quand le sirop cesse de former des croûtes,
il faut enlever l'espèce de magma contenu
dans le cristallisoir, écraser ce magma entre
deux cylindres, le placer dans des sacs qu'on
soumet ensuite pendant 24 à 30 heures à
l'action d'une forte presse, traiter le sirop
qui s'écoule de cette presse de la même manière que l'a été le premier, de sorte qu'il
faut cinq à six mois pour obtenir en entier
le sucre contenu dans une quantité de sirop
donné.

Aussi résulte-t-il de ces interminables opérations, que souvent la fabrication d'une année est loin d'être terminée, que déjà l'époque
de travailler de nouvelles betteraves est arri-
vée : de là, encombrement des fabriques, nécessité d'avoir une quantité considérable de

cristallisoirs, d'établir des étuves immenses, de faire, en un mot, d'énormes dépenses. Il est encore un inconvénient plus grave que tous ceux que je viens d'énumérer et que je dois signaler aux personnes qui sont dans la disposition de monter des fabriques de sucre de betteraves avec des cristallisoirs, c'est le danger des incendies; en effet, ne doit-on pas craindre le feu dans des étuves qui sont presque toutes construites en bois de sapin, soit à cause de la nature très inflammable de ce bois, soit parce qu'il est sans cesse placé dans une température très élevée et presque en contact avec les poëles qui sont toujours chauffés très fortement, ou parce que des ouvriers très imprudens iront dans des étuves avec une pipe ou une lumière qu'ils ne porteront point avec assez de précaution? De nombreux exemples ne sont-ils pas là malheureusement pour attester cette triste vérité; et les compagnies d'assurances elles-mêmes ne témoignent-elles pas, par leur répugnance ou par l'élévation de leurs primes, combien elles sont peu disposées à assurer des établissemens dans lesquels leurs intérêts sont si fortement compromis ?

Disons-le avec franchise, les cristallisoirs ne sont point un moyen manufacturier; ils servent une fabrication imparfaite, et il vaut mieux tendre à se débarrasser de cette imperfection que d'en subir les conséquences.

Des fabricans, pleins de confiance dans les opérations qu'ils pratiquent, vont jusqu'à dire que les cristallisoirs sont très propres à tirer un parti avantageux des sirops qui n'ont pas toute la perfection desirable, ou même qui sont altérés : cette assertion manque d'exactitude. Lorsque des sirops, par l'imperfection de leur préparation, ont subi dans leur nature une altération qui a détruit la matière sucrée, ou, pour parler plus exactement, qui a changé le sucre cristallisable en sucre incristallisable, rien ne peut leur rendre la qualité qu'ils ont perdue. Des sirops altérés ne rétrogradent point, et tout le monde sait que des mélasses qui ne sont autre chose que cela, ne sont point susceptibles, quelque moyen que l'on emploie d'ailleurs, de donner jamais de sucre cristallisable. Soit que l'on emploie les cristallisoirs ou les formes, on aura des mélasses qui deviendront très épaisses par l'évaporation de l'eau qu'elles contiennent, mais qui ne fourniront jamais de cristaux de sucre en assez grande abondance pour qu'on puisse les extraire avec avantage de la masse sirupeuse à laquelle ils sont mêlés.

Que l'on examine avec soin tous les cristallisoirs d'une étuve, on ne manquera pas de voir dans le nombre beaucoup de ces vases remplis de ces sirops détériorés. Les cristallisoirs ont-ils changé en rien la nature de ces sirops? Ont-ils fait disparaître en eux cette imperfection qui leur est inhérente? L'expérience prouve le contraire, et tous les fabricans de bonne foi en conviendront.

Quelques fabricans, voulant concilier les deux méthodes de cristallisation du sucre de betteraves, et reconnaissant les avantages que présente l'usage des formes, s'en sont bien vîte emparés; mais le procédé défectueux qu'ils emploient leur ayant donné des résultats peu satisfaisans dans la cuite des seconds sirops, ils ont cru devoir conserver pour ces opérations subséquentes les cristallisoirs, et ont établi, par conséquent chez eux, une méthode mixte. D'après tout ce qui précède, si j'ai prouvé que le procédé d'Achard avait des inconvéniens, et si je démontre par la

suite les avantages d'un autre mode de tra-
vail, on sera porté naturellement à aban-
donner les cristallisoirs qui se lient au sys-
tème d'Achard et qui entraînent dans la mul-
titude d'inconvéniens et dans les dépenses
excessives que j'ai signalées.

Le procédé connu sous le nom de procédé
français n'est point nouveau; et sans en pouvoir désigner précisément l'auteur, l'on sait
qu'il a été préconisé par MM. Mathieu de
Dombasle, Chaptal, et en dernier lieu par M.
Dubrunfaut, qui lui accorde avec raison la
préférence sur tous les autres. Je devrais me
borner à l'indiquer ici, puisqu'il est parfaitement décrit dans des ouvrages qui sont
entré les mains de tout le monde, et dire
qu'il offre les meilleurs résultats. Mais les
observations pratiques que j'ai faites dans
l'emploi de ce procédé m'obligent à entrer
dans plus de détails.

Lorsque l'on procède à la défécation par le
procédé français, après avoir reçu une partie du jus dans la chaudière, on allume le feu
et l'on continue de chauffer jusqu'à ce que
le liquide ait atteint 6o à 65 ° du thermo-

mètre de Réaumur. Il est bien entendu que pendant l'opération du chauffage, tout le jus qui doit composer la défécation aura coulé dans la chaudière. Lorsque le jus de betteraves a atteint le 40ᵉ degré, on éteint la chaux, ce qui doit se faire à l'eau bouillante, et on la mêle exactement au jus quand il est arrivé au degré indiqué plus haut. A 70° de température, on ajoute de l'acide sulfurique, et continuant de chauffer, on fait jeter un ou deux bouillons au liquide et on éteint le feu.

Il est assez difficile de fixer les quantités de chaux à employer. Ces quantités peuvent varier en général de 350 à 500 grammes par hectolitre de jus. Cela dépend de la nature des betteraves, du terrein qui les a fournies, de l'état de dessication ou de fraîcheur dans lequel on les emploie, etc. Règle générale, il faut obtenir des défécations claires qui déposent promptement, qui fournissent des écumes bien consistantes. Toutes les fois qu'on n'obtient pas ces qualités, on peut en conclure que la chaux n'a pas été employée en assez grande quantité ; mais comme il est inutile d'en mettre trop, il faut en augmenter la dose et le faire avec ménagement.

Ce que je dis de la chaux peut également s'appliquer à l'acide. Il est presque impossible de déterminer des doses précises et toujours constantes. On recommande seulement d'éviter qu'il soit en trop grande quantité, et de telle sorte qu'il reste toujours dans le jus un excès d'alcali, ce qu'il est facile de reconnaître par les réactifs, tels que les papiers rouge et bleu tournesol, le sirop de violettes, etc.

Le but qu'on se propose, en ne rendant point le jus entièrement neutre, est évident, car les bases salifiables qui se trouvent en liberté dans le jus déféqué, telle que la potasse et l'ammoniaque, seraient entièrement saturées par l'acide pour former avec lui des sulfates. Or, pour celui d'ammoniaque, il arriverait à la concentration du jus ce qui se passe pour la plupart des sels ammoniacaux long-tems exposés à l'action du calorique, même à l'état de solution dans un liquide, ce sel abandonnerait une partie de sa base et deviendrait sulfate acide.

D'un autre côté, si on laisse le jus avec excès d'alcali, saturera-t-on tout juste la potasse dissoute dans le jus pour ne laisser que l'ammoniaque libre? Cela n'est pas possible, et si l'on peut y parvenir, à la rigueur, dans un laboratoire de chimie sur des opérations faites en petit, on conviendra que cela ne peut pas avoir lieu dans une fabrique où les opérations se font sur une grande échelle.

Dans cet état de choses, il est évident que l'une et l'autre de ces circonstances doivent être évitées avec le plus grand soin. Si l'acide devient libre, tous les inconvéniens que j'ai signalés, en parlant du procédé d'Achard, se reproduiront.

Si, au contraire, l'alcali domine, il se présentera d'autres accidens qu'il est également nécessaire de faire disparaître.

Je ne répéterai pas ce que j'ai dit pour ce qui arrive quand l'acide sulfurique se trouve seul en contact avec le sucre, j'ai suffisamment exprimé mon opinion à cet égard; mais je dois m'expliquer d'une manière plus détaillée relativement aux alcalis. S'ils n'altèrent point le sucre dans ses principes d'une manière aussi positive que les acides, il n'est pas moins nécessaire de connaître quels sont les effets de ces substances sur lui, et j'entrerai à cet égard dans quelques détails qui trouvent naturellement leur place ici.

Lorsqu'on fait bouillir une certaine quantité de potasse avec du sucre, il se fait entre ces deux substances une sorte de combinaison dans laquelle les composans ont perdu leurs propriétés respectives ; et si l'on fait évaporer convenablement l'eau qui contient cette combinaison, on n'aura plus ni potasse ni sucre, mais une masse gommoso-sucrée qui n'offrira aucune forme cristalline.

Si, avant de faire évaporer l'eau contenant le composé dont je parle, on ajoute de l'acide sulfurique, aussitôt celui-ci se combinera avec la potasse, et si l'addition de l'acide a été faite de manière à former un sulfate neutre, le sucre reprendra ses propriétés cristallisables, ce dont on se convaincra en faisant évaporer convenablement le liquide.

Si la potasse a été mise en trop grande quantité par rapport au sucre, ou si son action a été prolongée trop long-tems, il arrivera que le sucre aura été altéré dans ses principes, et que même, en saturant entièrement la potasse par un acide, on ne parviendra point à lui rendre ses propriétés cristallisables ; conséquemment il est évident qu'il faut saturer entièrement la potasse, et des exemples que je tirerai de certains procédés employés dans la fabrication du sucre de betteraves viendront à l'appui de cette opinion.

Dans le procédé des Colonies, si l'on veut le suivre rigoureusement, on ne doit aucunement employer d'acide. Voici d'ailleurs ce qui arrive l'orsqu'on le met en pratique, à quelques exceptions près dont je donnerai plus tard l'explication. Les défécations se font bien ; il n'est point nécessaire d'employer de sang pour obtenir des écumes fermes, et le jus peut être tiré à clair quelques minutes après qu'on l'a soustrait à l'action de la chaleur. On verra également que la concentration, la clarification et la filtration seront faciles ; mais lorsqu'on procédera à la cuite, on remarquera que, lorsque le sirop aura atteint de 85 à 86 degrés au thermomètre de Réaumur, il pourra cesser de bouillir; il ne se fera plus aucune évaporation; le sirop brûlera si l'opération se fait à feu nu ; elle sera interminable si elle a lieu dans une chaudière chauffée par la vapeur. Ce phénomène dépend, à n'en pas douter, de la potasse libre qui se trouve dans le sirop. Cet alcali a une telle affinité pour l'eau, qu'il retient avec force ce liquide et qu'il ne lui permet pas (si l'on peut s'exprimer ainsi) de devenir libre et de passer à l'état de vapeur. Ce qui prouve bien que les choses se passent ainsi, c'est que si l'on ajoute une certaine quantité d'acide sulfurique au sirop qui ne peut plus bouillir, aussitôt l'ébullition a lieu, et l'on conduit promptement la cuite à bonne fin. Par cette addition on a formé avec la potasse et l'acide sulfurique un sel neutre qui, n'ayant plus aucune affinité pour l'eau, laisse celle-ci en liberté.

Si l'on se borne à mettre l'acide en petite quantité, et seulement pour opérer la cuite actuelle, et qu'on ne prenne pas les précautions convenables pour rendre le sirop neutre, on verra arriver à la cuite des mélasses, ce qui était arrivé à la cuite des premiers sirops; et, outre les désavantages d'une cuite difficile, on n'aurait encore pour produits que des sucres difficiles à égoutter et même peu cristallisables. Cet effet a lieu d'une manière plus évidente dans les mélasses qu'on abandonne long-tems sans les cuire, et tous les fabricans savent très bien que ces sortes de mélasses ne donnent presque plus de produits.

Si, d'après tout ce qui vient d'être dit, il est bien reconnu qu'il faille renoncer au procédé d'Achard, ainsi qu'à celui des Colonies, et que le procédé français doive seul être suivi, on sentira, pour lui accorder cette préférence, la nécessité de lui faire éprouver quelques modifications, puisque j'ai prouvé que, tel qu'on le pratique généralement, il présente des inconvéniens qui participent de l'un ou de l'autre des deux premiers moyens de défécation. Je proposerai avec confiance ces modifications qui, suivant moi, offrent toute garantie pour une bonne réussite. Établies sur des bases fournies par la chimie, elles présentent des résultats constamment satisfaisans. Ce procédé ainsi modifié pourra s'appliquer à toutes les localités, être mis en usage au commencement et à la fin de la fabrication, et enfin, s'il demande des soins et un peu d'habitude pour l'employer, on en sera amplement dédommagé par la beauté des produits et par leur quantité, et je suis bien assuré qu'une fabrique, par exemple, dans laquelle on finira de travailler les betteraves dans les premiers jours de mars, pourra très bien avoir expédié tous ses produits au commencement de mai.

En conséquence, voici le mode d'opérer que je propose. Après avoir recueilli dans la chaudière à déféquer toute la quantité de jus voulue, on chauffe jusqu'à ce qu'il fasse monter le thermomètre à 60° ou 65° Réaumur, on y mêle la chaux convenablement éteinte, et l'on continue de chauffer jusqu'à ce qu'on obtienne quelques bouillons ; alors on supprime le feu. Après quelques momens de repos, on tire le jus au clair ; on le fait couler dans la chaudière de concentration, où on l'évapore jusqu'à ce qu'il marque 10° à l'aréomètre pour les sirops ; alors on mêle exactement pour chaque hectolitre de jus fourni par la chaudière de défécation 50 grammes d'acide sulfurique étendu d'eau de manière à ce qu'il n'ait qu'une densité de 15 à 16° ; on continue la concentration jusqu'au 18° degré. A cette époque, on doit examiner de nouveau l'état chimique du jus. Tous les essais que j'ai faits sur des jus provenant de mes betteraves m'ont prouvé qu'ils présentaient encore des caractères d'alcalinité, à ce point de concentration.

Lorsqu'il en est ainsi, on doit procéder à sa complète neutralisation, et à cet effet, pour chaque hectolitre de jus (toujours en le calculant à la sortie de la chaudière de défécation), on ajoutera 10, 15 grammes, et plus s'il est nécessaire, d'acide sulfurique étendu d'eau. On essayera le jus de nouveau, et on ajoutera de l'acide jusqu'à ce qu'il présente les caractères d'un sirop entièrement neutre, c'est-à-dire, qui contienne ni acide ni alcali en excès; alors on continuera l'évaporation jusqu'à la concentration convenable du sirop, et l'on procédera aux opérations de la clarification et de la cuite par les moyens ordinaires.

Les détails des manipulations que je propose paraîtront peut-être minutieux et difficiles aux personnes qui ne sont point habituées à les pratiquer. Je vais entrer à cet égard dans des explications qui leveront toute difficulté.

On se sert dans les laboratoires de chimie de certains réactifs qui ont pour objet de déterminer l'état chimique des corps avec lesquels on les met en contact. Les réactifs propres à la fabrication du sucre de betteraves peuvent se réduire à deux : le bleu tournesol et le sirop de violettes. On peut même se borner à l'emploi du tournesol. Le sirop de violettes a cependant cela d'avantageux, qu'il est dans certaines circonstances plus sensible que le papier tournesol. Ces papiers tournesol rouge et bleu (*) sont un guide certain au moyen duquel on peut connaître très aisément l'état des jus et des sirops que l'on veut examiner.

Si l'on plonge du papier bleu dans du jus ou dans du sirop où il y a excès d'acide, de suite ce papier devient rouge, et cette couleur rouge se manifestera plus tôt ou plus tard,

---

(*) Pour préparer ce papier, on prend de petits pains de tournesol, connus chez les épiciers sous le nom de bleu des blanchisseuses ; on délaie ces pains dans de l'eau après les avoir écrasés, on passe l'eau au travers d'un linge serré, ou, mieux encore, au travers d'un filtre de papier, et on trempe dans cette teinture bleue des bandes de papier à plusieurs reprises, jusqu'à ce que celui-ci soit d'un bleu assez foncé.

D'un autre côté, on prend une certaine quantité de ces bandes de papier bleu, on les plonge dans de l'acide sulfurique très étendu d'eau ; aussitôt après cette immersion, le papier de bleu qu'il était devient rouge. On le lave dans de l'eau et on le fait sécher.

ou sera plus ou moins vive suivant le degré d'acidité du sirop.

Dans les liquides où il y a excès d'acide, le papier rouge ne change pas; mais si on le plonge dans des jus ou sirops qui contiennent un excès d'alcali, après trois ou quatre minutes le papier est ramené au bleu.

C'est donc une opération de tâtonnement, à laquelle il faut avoir recours; mais je puis assurer que quand on l'aura pratiquée deux ou trois fois on ne sera plus embarrassé.

En recommandant de mettre l'acide quand le jus a atteint dix degrés, j'ai eu pour objet de faire dégager une partie de l'ammoniaque afin d'éviter d'en faire un sulfate qui plus tard deviendrait acide. J'aurai pu attendre que le sirop fût complètement rapproché, pour être bien sûr que l'ammoniaque aurait été entièrement dégagé; mais j'aurais craint que le contact de la potasse long-tems prolongé avec le sucre ne nuisît à celui-ci; et en opérant ainsi que je l'ai proposé, je crois avoir rempli toutes les conditions pour prévenir tous les inconvéniens.

J'ai pensé pendant long-tems, et beaucoup de fabricans ont la même opinion, que la chaux pouvait rester en liberté et se trouver même en grande quantité dans le jus déféqué. J'attribuais même à cette substance alcalino-terreuse tous les inconvéniens que l'on remarque quand on travaille par le procédé des Colonies, entre autres, l'odeur lixivièle, ou, comme on le dit improprement, l'odeur de chaux que contractent les sucres. Un examen plus approfondi m'a fait revenir de cette erreur, et si la chaux se trouve à l'état non combiné dans le jus de betteraves, c'est en si petite quantité qu'aucun moyen chimique ne peut en démontrer la présence. Je dois exposer ici toutes les expériences que j'ai tentées pour me convaincre de cette vérité, et je dois ajouter aussi que tous les effets attribués à la chaux doivent l'être à la potasse, et des résultats positifs me l'ont prouvé.

J'ai fait passer du gaz acide carbonique au travers d'un litre de jus de betteraves déféqué et filtré. Ce litre de jus avait été déféqué par 5 grammes 0,5 de chaux; j'ai observé avec soin ce jus; j'ai vu qu'il restait parfaitement transparent, et qu'il ne se formait pas le moindre nuage qui indiquât un précipité; cependant j'ai pris la précaution de faire chauffer le liquide pour en dégager tout l'excès d'acide carbonique qu'il aurait pu contenir.

J'ai opéré la saturation d'un litre de jus de betteraves, chauffé pendant quelque tems pour dégager toute l'ammoniaque qu'il pouvait contenir, par de l'acide sulfurique, et j'ai trouvé que, pour atteindre ce point, j'avais employé 8 décigrammes d'acide sulfurique.

Un litre de même jus a été évaporé jusqu'à siccité; la masse qu'il a laissée pour résidu a été traitée à plusieurs reprises par de l'alcool à 36 degrés, et pour faire disparaître toute l'alcalinité de cet alcool, il a fallu employer exactement la même quantité d'acide que celle qui a servi dans la première opération.

Il est bien évident, d'après ces expériences, que c'est à la saturation de la potasse qu'a été employé l'acide sulfurique.

En effet, s'il se fût trouvé de la chaux dans le jus non évaporé, elle aurait pris sa part de l'acide sulfurique, et il aurait fallu employer moins d'acide dans la deuxième expérience, puisque l'alcool n'aurait pu dissoudre que la potasse, et aurait laissé la chaux dans le résidu. L'expérience ayant prouvé qu'il en fallait exactement la même quantité, on doit en conclure que ce n'est que de la potasse qu'on a saturée dans le jus, et que la chaux y était tout-à-fait étrangère.

L'absence de la chaux dans le jus de betteraves déféqué paraîtra surprenante à beaucoup de fabricans; cependant, si l'on réfléchit à son peu de solubilité, on n'en sera point surpris, car on sait qu'il faut plus de 700 parties d'eau froide et plus de 1200 parties d'eau bouillante pour dissoudre une partie de chaux, et je ne vois pas pourquoi le jus de betteraves aurait une faculté dissolvante plus grande que l'eau.

La chaux dans la défécation du jus de betteraves sert à enlever la matière végéto-animale que ce jus contient; elle sert aussi à décomposer les sels à base de potasse et d'ammoniaque qui s'y rencontrent ; c'est là que paraissent se borner ses fonctions, et je pense même que tout ce qui excède la quantité nécessaire pour remplir cet objet reste tout-à-fait étranger au jus et se confond avec les écumes ou le dépôt.

Un phénomène assez singulier et qui n'a

point échappé à l'observation de quelques fabricans, c'est que lorsqu'on emploie le procédé d'Achard pour la défécation, on retrouve dans le jus une quantité considérable de sulfate de chaux. Ce sulfate, qui se précipite en grande partie à mesure qu'on fait évaporer le liquide, se montre principalement dans les chaudières de cuite sous forme de croûtes sur les tuyaux qui servent à communiquer la vapeur aux sirops.

Ce dépôt est d'autant plus désagréable que n'étant point conducteur du calorique, il faut l'enlever souvent; sans cela les opérations de la cuite se font mal et languissent outre mesure. Il est même nécessaire d'avoir recours dans ce cas à des nettoyages souvent répétés et qui demandent beaucoup de tems.

Lorsqu'au lieu d'employer l'acide avant la chaux on le met après, on ne trouve plus ou presque plus de sulfate de chaux à l'évaporation, et l'on peut exécuter les cuites pendant un tems indéterminé dans les chaudières chauffées à la vapeur, sans trouver aucune couche de ce sel, tandis que, lorsque l'on a opéré par la méthode d'Achard, il faut faire un nettoyage tous les quatre jours au moins.

Je dois observer ici que, pour que les choses se passent ainsi, il faut que l'addition de l'acide se fasse quand le jus est tiré à clair, car, si on mettait l'acide dans la chaudière de défécation, il se combinerait même à la chaux qui ne serait que précipitée ou mêlée aux écumes.

L'expérience suivante ne laissera aucun doute à cet égard : j'ai pris un litre de jus de betteraves déféqué par 5 grammes et demi de chaux, je l'ai séparé exactement des écumes et du dépôt, et j'ai vu qu'il fallait 2 grammes d'acide sulfurique pour opérer la saturation ; j'ai répété l'expérience sur un litre de jus déféqué avec les mêmes doses de chaux, mais sans isoler les écumes et le fond, et au lieu de 2 grammes d'acide, il m'en a fallu précisément le double, c'est-à-dire, 4 grammes pour arriver au même point de neutralisation.

Tout ceci ne prouve-t-il pas qu'il n'existe plus de chaux dans le jus déféqué lorsqu'elle est employée seule à la défécation ? et s'il y en avait des quantités notables, l'acide sulfu-

rique ne formerait-il pas avec elle un sulfate que l'on retrouverait dans la suite des
opérations?

M. Payen, dans un mémoire sur le char-
bon animal qui a remporté un prix proposé
par la société de pharmacie de Paris, a avan-
cé qu'en faisant bouillir un liquide sucré
dans lequel on avait introduit de la chaux
avec du noir animal, il fallait moins d'acide
pour saturer cette chaux que si on eût opéré
sans le concours du noir. Il en conclut que
le noir a exercé une action attractive sur la
chaux de manière à en absorber une certaine
quantité, et il cherche à démontrer qu'il est
avantageux de se servir de noir pour enlever
au jus de betteraves une partie de la chaux
qu'il suppose contenir.

J'ai répété cette expérience avec soin sur
du jus de betteraves, et j'ai vu que, soit que
je fisse mes essais sur du jus de betteraves
qui avait bouilli avec du noir animal, soit
que je fisse les mêmes essais sur du jus qui
n'avait point été en contact avec cet agent,
il me fallait les mêmes quantités d'oxalate d'ammoniaque pour opérer l'entière pré-
cipitation de la chaux entrant dans la com-

position des sels calcaires dissous dans le jus de betteraves. Dans les deux cas j'ai obtenu exactement la même quantité de précipité.

Si la chaux avait été à l'état de liberté dans le jus qui avait bouilli avec du noir, nul doute qu'il m'eût fallu moins d'oxalate d'ammoniaque, puisque le noir en eût absorbé une certaine quantité.

Il est bien reconnu, par les fabricans de sucre indigène, qu'il n'est pas possible de fixer d'une manière invariable les quantités de chaux et d'acide sulfurique que l'on peut employer pour arriver à de bonnes défécations. Ces quantités diffèrent dans presque toutes les fabriques, et elles varient souvent chez le même fabricant. Tantôt 300 grammes de chaux suffisent pour obtenir une belle défécation d'un hectolitre de jus de betteraves, d'autres fois on est obligé d'augmenter cette dose jusqu'à 600 grammes. Certains fabricans peuvent se dispenser de mettre de l'acide sulfurique ; d'autres en emploient des doses qui peuvent varier depuis 30 jusqu'à 250 grammes pour la même quantité de jus. Ces anomalies n'ont point été expliquées: j'essaierai de rendre compte de l'idée que je m'en suis formée. Elle me paraît pouvoir donner la solution de plusieurs phénomènes fort obscurs et restés jusqu'ici sans explication.

On croit généralement que plus on met de chaux dans une défécation, et plus aussi il faut employer d'acide : ceci est vrai lorsqu'on suit le procédé d'Achard ; mais il n'en est pas de même lorsqu'on opère par le procédé français, j'ai souvent employé moins d'acide lorsque je mettais plus de chaux, *et vice versâ*. J'ai vu des circonstances où j'étais obligé de porter la dose de chaux à 110 grammes pour déféquer un hectolitre de jus, et 75 grammes d'acide suffisaient à la saturation ; tandis que dans d'autres circonstances j'employais seulement 90 grammes de chaux pour la même quantité de jus, et il me fallait 140 grammes d'acide pour saturer complètement.

On attribue généralement aux terreins et aux localités les différences que l'on remarque dans la nature des betteraves, différences qui donnent lieu aux variations nombreuses qui se font sentir dans la proportion des agens défécateurs. Cette idée est exacte ; c'est dans la composition chimique de la betterave qu'on doit aller chercher l'explication des phénomènes qui se présentent lorsqu'on la travaille pour en extraire le sucre qu'elle contient.

Il entre dans la composition de toutes les betteraves, du sucre, de la matière végéto-animale, de l'eau, de l'albumine et du parenchime ou ligneux. Toutes contiennent aussi différens sels à base de chaux, de potasse et d'ammoniaque ; mais les proportions de ces composans sont fort variables, et c'est dans le manque d'uniformité des quantités des sels surtout, que consiste l'impossibilité d'opérer de la même manière.

Des betteraves peuvent contenir plus ou moins de sel à base de potasse et de sels ammoniacaux. Plus les betteraves contiendront de ces sels, soit à base de potasse, soit à base ammoniacale, plus il faudra de chaux pour les décomposer : le contraire arrivera nécessairement quand ces sels y existeront en petite quantité; de là les différences que l'on est obligé d'apporter dans les quantités de la chaux.

La circonstance qui fait que l'on doit varier très souvent aussi les doses d'acide est déterminée par la nature des sels qui entrent dans la composition de la betterave. Si les sels où la potasse sert de base sont abon-dans, nul doute qu'il faudra employer l'acide sulfurique en grande quantité, puisqu'à la défécation, la potasse étant mise à nu par la chaux, il est de toute nécessité de la saturer, ainsi que je crois l'avoir démontré.

Si, au contraire, il y a beaucoup de sels ammoniacaux, comme la base de ces sels est mise à nu par la chaux et qu'elle abandonne le jus de betteraves à l'évaporation, il est de toute évidence que, n'ayant point besoin d'a-cide pour être saturée, il faut dans ce cas en diminuer de beaucoup les doses, et l'expé-rience le confirme.

Ces observations expliquent comment quelques fabricans peuvent se dispenser de l'acide; et elles tendent à prouver seulement que leurs betteraves ne contiennent que peu ou point de sels à base de potasse, et qu'il n'entre dans leur composition que des sels ammoniacaux.

On se plaint souvent de ne pas voir fixer un procédé invariable pour opérer la défécation du jus de betteraves ; d'après ce que je viens de dire, on voit qu'il sera difficile de le faire, tant il y a de variations dans la nature des betteraves. Ce n'est qu'à l'aide de principes généraux bien établis qu'on parviendra à surmonter toutes les difficultés que présente la fabrication du sucre de betteraves. Ajoutons à cela qu'une attention soutenue dans la fabrication et une observation exacte de ce qui se passe dans les opérations peuvent seules mettre à même d'éviter des fautes qui deviennent quelquefois fort dispendieuses.

On ne peut se dissimuler non plus que des connaissances chimiques appropriées à la fabrication du sucre indigène ne soient fort utiles. Lorsque mes occupations me laisseront plus de loisir, je me propose de publier un ouvrage qui contiendra des observations pratiques avec des explications tirées de la chimie, qui en faciliteront l'intelligence. Il pourra être d'une grande utilité à ceux à qui les circonstances ne permettront point de suivre un cours complet de chimie.

S'il est essentiel d'apporter des changemens dans les procédés mis en usage jusqu'ici pour fabriquer le sucre de betteraves, on doit convenir aussi que l'application de la vapeur à la fabrication de ce produit sera d'un avantage immense. Les opérations se feront toujours bien; on y trouvera économie de main-d'œuvre, de combustible et de constructions ; la surveillance des opérations sera moins pénible, et il y aura beaucoup plus de sécurité dans l'exécution.

Des mécaniciens habiles se sont déjà occupés avec beaucoup de succès de l'application de la vapeur aux fabriques de sucre indigène, et plusieurs établissemens, montés par ces ingénieurs, attestent, par la beauté des produits, les précieux avantages qu'on pourra en retirer. Parmi eux je me plais à citer M. Hallette d'Arras, chez qui j'ai vu fonctionner tout récemment un concentrateur, pour lequel il a obtenu un brevet d'invention, qui réunit, aux avantages de donner de beaux produits, des moyens très prompts d'exécution. Ce concentrateur a l'avantage précieux de concentrer instantanément les liquides dans un milieu assez déprimé pour qu'il en résulte une économie de combustible, d'être indépendant des soins des ouvriers, facile à nettoyer, de faire disparaître de l'usine des vapeurs aqueuses nuisibles aux bâtimens des fabriques, fort gênantes pour les ouvriers, et de dispenser par là des grandes hottes dont on se sert habituellement.

Les expériences faites sous mes yeux ont démontré que ce concentrateur a produit 120 litres de sirop par heure (14 hectolitres 40 litres par 12 heures).

Le jus ayant été introduit à six degrés de densité, le sirop sortait 12 à 15 minutes après à l'extrémité de l'appareil marquant 25 degrés. Cette circonstance s'est fait remarquer pendant toute l'opération. La fluidité du sirop était plus grande que par les procédés ordinaires, ce qui donne lieu d'espérer que les opérations subséquentes, telles que la clarification et la filtration, présenteront moins d'obstacle.

Il existe aussi des fabriques montées par MM. Crespel et Spiller, et M. Péqueur, qui prouvent tous les soins et toute l'habileté que ces Messieurs ont apportés dans la construction des machines qu'ils ont confectionnées.

On doit conclure de tout ce qui précède que le procédé d'Achard doit être rejeté ;

Que celui des Colonies ne peut être mis

en pratique, à moins de circonstances particulières, et seulement quand les betteraves sur lesquelles on opère ne contiennent que peu ou point de sels de potasse ;

Que le procédé français, avec les modifications que je propose, mérite la préférence ;

Qu'il est impossible d'indiquer des proportions de chaux et d'acide invariables ;

Que le jus de betteraves déféqué ne contient jamais de chaux à l'état de liberté, quand même on aurait employé une grande quantité de chaux à la défécation ;

Que le meilleur état d'un sirop est d'être complètement neutre, c'est-à-dire, sans excès d'acide ni d'alcali ;

Que les cristallisoirs ne présentant aucun avantage sur les formes, on doit en rejeter l'usage ;

Que la vapeur est éminemment utile dans la fabrication de sucre indigène, et qu'elle doit être généralement adoptée.

Ennemi de toute routine, comme de tout procédé qui ne satisfait point aux investigations de la science et de la saine raison, j'ai cherché la vérité et je crois l'avoir rencontrée. Je la publie avec franchise ; je desire

qu'elle contribue à faire faire un pas de plus
à un art encore nouveau et qui mérite le
plus grand intérêt.

Arras, chez **G. SOUQUET**, imprimeur du *Propagateur*,
Rue du Cornet, N° 248.